花かおる 横根高原

- 横根高原へようこそ …………… 2
- 前日光横根高原MAP …………… 4
- 井戸湿原MAP …………… 6
- 横根花暦 …………… 8
- 横根高原の概要 …………… 10
- 横根高原と井戸湿原の植生 …………… 12
- 鹿沼自然観察会 ……………
- **春の花**
- 自然観察
- **夏の花**（7月〜8月）…………… 43
- **秋の花**（9月〜11月）…………… 69
- 横根高原で見られる主なカエデ類 …… 84
- 花の見方用語解説 …………… 86
- 横根高原の動物 …………… 88
- 横根高原ハイキングマップ …………… 96
- 横根高原周辺見どころガイド …………… 100
- 湿原を保全するために …………… 106
- 湿原のできるまで …………… 108
- 花名索引 …………… 110
- 交通ガイド …………… 112

『レッドデータブックとちぎ』について

レッドデータとは、絶滅のおそれのある野生生物等について、絶滅への危険度に応じてランク付けしたリストです。絶滅の危険度の基準をカテゴリーと呼びます。野生生物等の生息・生育状況等をカテゴリー別にとりまとめたものがレッドデータブックです。レッドデータブックには、環境省が全国域での危険度をまとめた環境省版と、栃木県が、本県における野生生物や自然環境の現状をまとめた栃木県版があります。それが『レッドデータブックとちぎ』です。

横根高原へようこそ

　鹿沼市の西に位置する前日光山塊の中央に、美しい湿原を中心とした別天地、横根高原が広がります。一部を牧場として利用するのみで、急激な開発が行われてこなかったため、自然がそのまま残るこの高原は、市の中心から車で50分、日光開山の勝道上人の修行の地としても知られています。

　高原は、昭和30年に前日光県立自然公園に指定されていますが、近年、大規模太陽光発電所建設の計画等もあり、高原の自然保護が危ぶまれている状況もあります。高原の中心をなす標高1280mの井戸湿原

とその周辺は、特別地域として保護されています。
　この一帯は、多くの種類の高山植物が生育する花の宝庫です。さわやかな横根高原で花々との出会いを楽しまれることを期待しています。
　本誌は、訪れてくださったみなさんに、少しでも高原の自然を知っていただくためのガイドブックとして作成しました。植物は花期を調べ「花暦」にまとめると同時に、写真、説明を加えました。この一冊で出会った花々のことを簡単に知ることができるにちがいありません。同時に高原を代表する動物たちも紹介しています。
　みなさんの、より楽しい横根高原の探索になることを期待しています。

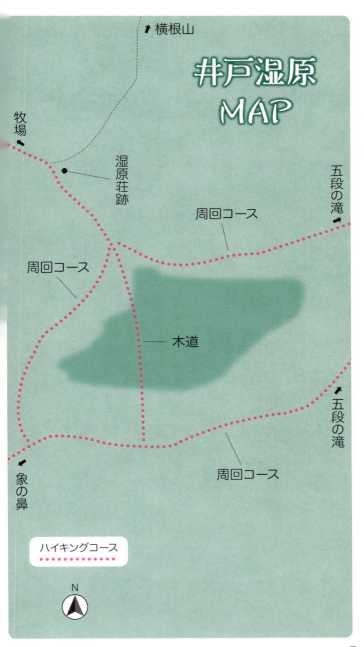

横根花暦

■色文字は木本　■色文字は草本
● が開花時期　●●は花の盛花期

掲載ページ	種名	4月		5月		6月		7月		8月	
27	オノエヤナギ		●	●							
27	バッコヤナギ		●	●							
18	アカヤシオ		●								
20	ミツバアケビ			●	●						
31	ウマノアシガタ			●							
21	オオカメノキ			●							
23	コウグイスカグラ			●	●						
18	シロヤシオ			●	●	●					
34	スミレ			●	●	●					
40	チゴユリ			●	●	●					
35	ニョイスミレ			●	●	●	●				
-	ハルザキヤマガラシ			●	●	●	●				
38	フデリンドウ			●							
35	ヒメスイバ			●	●	●	●				
41	マイヅルソウ				●	●					
37	ミツバツチグリ				●	●	●				
36	ミミナグサ			●	●	●	●				
25	ミヤマニガイチゴ				●	●	●				
27	メギ			●	●						
25	モミジイチゴ			●	●						
26	ヤマザクラ				●						
22	キバナウツギ					●	●				
24	ズミ					●	●				
34	タチツボスミレ					●					
19	トウゴクミツバツツジ					●					
31	トリガタハンショウヅル					●					
21	ハウチワカエデ					●					
-	ヒメヘビイチゴ					●					
23	ベニバナノツクバネウツギ					●	●				
24	ミヤマザクラ					●					
19	ヤマツツジ					●	●				
20	レンゲツツジ					●	●●				
29	オオバタネツケバナ					●	●				
26	カマツカ						●				
33	クワガタソウ						●				
38	タニギキョウ						●				
-	オノエラン							●			
64	サギスゲ							●			
45	サラサドウダン						●	●			
44	ニシキウツギ							●			
-	ベニバナノニシキウツギ							●			
58	ヨツバムグラ							●			
65	ワタスゲ							●			
67	バイケイソウ							●	●		
54	ウスユキソウ								●	●	
68	クモキリソウ							●			
48	コアジサイ							●			
44	コメツツジ							●			

掲載ページ	名称	7月前	7月後	8月前	8月後	9月前	9月後	10月前	10月後
46	シモツケ		●	●	●				
30	シロバナニガナ		●	●					
62	チダケサシ		●	●					
49	ノリウツギ		●	●	●●				
30	ニガナ		●	●					
53	ホタルブクロ		●	●	●	●			
68	ミズチドリ		●						
50	イワアカバナ			●	●	●●			
59	エゾシロネ			●	●				
61	モウセンゴケ			●					
65	オオバギボウシ			●					
58	オカトラノオ			●					
51	オトギリソウ			●	●				
57	カニコウモリ			●					
53	サワギキョウ			●	●				
60	ダイコンソウ			●					
66	タマガワホトトギス			●					
51	トモエソウ			●					
68	ネジバナ			●					
67	ノギラン			●					
55	ノハラアザミ			●	●	●	●	●	
66	コオニユリ			●					
56	メタカラコウ			●	●	●			
59	ヤマゼリ			●					
56	ヤマハハコ			●	●				
63	リンドウ			●	●				
57	ヨツバヒヨドリ			●	●	●	●		
73	アキノキリンソウ				●	●●	●	●	
61	ゲンノショウコ				●	●	●	●	
65	コバギボウシ				●				
73	ゴマナ				●	●●	●	●	
82	ツリフネソウ				●				
78	ナンタイブシ(トリカブト)				●	●●	●	●	
55	ノコンギク				●	●	●	●	
56	ハンゴンソウ				●	●			
59	タニソバ				●				
76	ヤマノコギリソウ				●	●	●		
83	アケボノソウ					●	●		
77	サラシナショウマ					●●	●	●	
72	ソバナ					●			
75	トネアザミ					●	●		
72	ツリガネニンジン					●●			
79	ハンカイシオガマ					●	●		
81	イタドリ					●●			
75	シロヨメナ					●●	●	●	
80	アキノウナギツカミ						●	●	
77	キオン						●		
82	ダイモンジソウ						●		
81	ヤナギタデ						●	●	
78	ミゾホオズキ						●	●	
83	センブリ								●

一部本文に収録していない花もあります。

横根高原の森

横根高原の概要

　前日光県立自然公園は、鹿沼市域の北西部に位置し、横根高原・古峰ヶ原高原・石裂山周辺の3地域を含めた地域で、昭和30年に指定されました。横根高原は横根山・井戸湿原を中心とし、ハイキングコースとして遊歩道が整備されています。

　横根高原は花崗閃緑岩を基盤岩とし、直径数メートルにも及ぶ大きな花崗閃緑岩をあちこちで見ることができます。これらの岩塊が重なり合って谷に残され、累々と分布する景観は岩海と呼ばれ、『レッドデータブックとちぎ』では「横根山岩塊堆積物」として「要継続観察」に位置づけられています。平成23年には、「横根山の岩海」として鹿沼市の天然

岩海の様子　　　岩海風景

記念物に指定されました。

　井戸湿原は、横根山(標高1372.8m)の南中腹の標高1280m付近にあり、東西約500m、南北60〜140mの細長い形状で、面積は約3.5haあります。昭和45年に粟野町(現鹿沼市)の天然記念物に指定されました。湿原中央部には主流が北東へ流れ、五段の滝へとつづきます。この主流には湿原周辺各所から多くの枝沢が流入しています。各枝沢の流れは緩やかで、部分的に小滞水域や湿潤域を形成しています。

　昭和30年代、本湿原は水が豊富で、湿原内に立ち入りにくいほどでした。しかし、湿原中央部の主流によって、河床が浸食され、水が湿原内に停滞しない状態になっています。下流域の湿原ほど著しく浸食され、湿原全体の水位が低下しています。これによって、湿原全体の乾燥化がすすみ、本湿原は『レッドデータブックとちぎ』の「消滅危惧」カテゴリーに位置づけられています。

　この井戸湿原を中心とした地域には、多くの生きものが生育、生息しています。調査では、植物では、環境省レッドデータブックI類のアカンスゲはじめ22種、昆虫を含めた動物では、国指定のヤマネをはじめ30種の絶滅危惧種が確認されています。環境省・栃木県・鹿沼市の支援による生態系維持回復事業により、湿原の保全活動を行いました。

秋の井戸湿原

アカンスゲ

横根高原と井戸湿原の植生

横根高原

　高原に多く見られる樹木は、高木ではシラカンバ、ダケカンバ、ミズナラ、ヤマハンノキ、ミヤマヤシャブシ、ウリハダカエデ、オオイタヤメイゲツ、リョウブなどです。特に場所によっては比較的高いところに生えるダケカンバとシラカンバが並んで生えているところもあります。個体数はあまり多くありませんがナツツバキやトウゴクヒメシャラ、常緑のウラジロモミの巨木も見られます。また、一部には植林されたカラマツの林があり、かなり大きく成長しています。

　中低木ではアカヤシオ、シロヤシオ、トウゴクミツバツツジ、サラサドウダン、ヤマツツジ、コメツツジなどのツツジ類のほか、オオカメノキ、ノリウツギ、ズミ、コアジサイなどが多く見られます。特に、横根山山頂付近にはコメツツジやシモツケの群落があります。

　下草類では林下にはミヤコザサが多く、一部にスズダケが生えています。また、

草本類ではマイヅルソウ、ニッコウシダ、ヒメスゲの群落やノガリヤスの仲間が多く、マイヅルソウはやせた土壌の関係か開花する株は少ないようです。このほか小さな草本類のヒメイチゲ、チゴユリ、タチツボスミレなどがあり春先には可憐な花をつけているのが見られます。水の流れる沢筋ではバイケイソウ、トリカブト（ナンタイブシ）、タマガワホトトギス、シロヨメナ、オオタネツケバナなどが目につきます。

　横根高原は4月下旬のアカヤシオから始まり5月のシロヤシオとトウゴクミツバツツジ、続いて、ヤマツツジ、6～7月のサラサドウダン、コメツツジと連続してツツジ類を楽しむことができます。また、10月の15日前後のカエデやツツジ類の紅葉も見事なものです。

井戸湿原

　井戸湿原は横根山の南中腹の1280m付近にある栃木県を代表する中層湿原です。湿原は東西約500m、南北は60～140mで、北東から南西に細長い形をしていて面積は約3.5haあります。

　この湿原は横根高原の基盤である花崗岩が長い年月の間に削り取られ、そのためにできた窪地に水が溜まりました。そこに周囲の土

夏の横根高原

砂が流れ込み、植物が生えては腐ることを長い年月繰り返しました。しかし、ここは標高が高く気温が低いため完全に腐らず、それらの植物が積み重なって泥炭状の湿原ができました。その生育は1年に1mmほどであり、約1万年をかけて形成された学術的にも貴重な湿原です。今でも山の中腹からいくつかの沢が流れ込み、湿原の中はいつもじくじくしています。また、中央部には基盤の花崗岩を浸食しているところが見られます。

　湿原の周囲は植物保護のためシカ除けのネットが張りめぐらされています。そのため湿原への入口は登山道の4カ所に限られています。湿原の中央には横断する木道が設置され、この湿原を一周する遊歩道も整備されています。

　湿原の植生を見ると樹木類ではミズナラ、リョウブのほか中〜低木のズミ、ノリウツギ、アカヤシオ、シロヤシオ、サラサドウダン、ヤマツツジ、コメツツジなどが周辺部に多く見られ、湿原の中ではシモツケ、レンゲツツジなどがたくさん生えています。

草本類ではやや乾燥ぎみのところにヤマドリゼンマイやニッコウシダが大きな群落をつくり、ミズゴケの生えているところではモウセンゴケ、ワタスゲ、サギスゲ、エゾシロネなどが多く、一部にはツルコケモモが見られます。このほか比較的背の高いバイケイソウ、ハンゴンソウ、ゴマナ、シロヨメナ、ヤマノコギリソウ、アケボノソウ、サラシナショウマ、トモエソウ、チダケサシ、ナンタイブシ（トリカブト）など数も多いようです。やや背の低いものではオトギリソウ、ウスユキソウ、ヤマハハコ、エゾリンドウ、アキノキリンソウ、コバギボウシ、サワギキョウ（ここでは背が低い）、ミズチドリがあります。また、一部の沢筋にはエンコウソウが自生しています。

　井戸湿原は規模は小さいが4月下旬のアカヤシオからシロヤシオとトウゴクミツバツツジの5月、ワタスゲ、サギスゲ、レンゲツツジの6月、そして7〜8月の夏の花々、そして10月の紅葉といつ訪れても楽しめるところです。

春の井戸湿原

自然の命を見つめてみよう
鹿沼自然観察会 入会のお誘い

自然観察から始めよう、自然保護

鹿沼は小来川から流れる黒川、古峰ヶ原から落ちる大芦川、今市を源流とする行川、粟野水系を集めた思川と清々とした自然環境です。路傍の草花に、集まる虫たちの営みに、小鳥の鳴き声に触れてみませんか。観察会では地層や岩石・植物・昆虫・は虫類・鳥類・両生類・ほ乳類などの小動物・天体、それぞれの担当者がみなさんをご案内します。

定例観察会
黒川（日光奈良部）自然観察会

- 日時 　毎月第2日曜日　午前8時～11時
- 場所 　黒川・黒川橋～新上殿橋間 1.5kmの河畔
- 集合 　黒川橋東堤（駐車可）

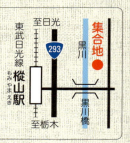

定例観察会の他、下記のように季節に合わせ「おでかけ観察会」として県内外に出かけて観察会を実施しています。観察会はいつでも公開され、会員外の方も参加されています。

- レンゲツツジとオオルリを見る会
- 早春の花とトキを見ようin佐渡
- 大芦川・東沢自然観察会
- 横根高原の自然を楽しもう（ツツジ 初夏－紅葉－秋）
- 初夏の奥日光の自然を満喫しよう

鹿沼自然観察会　年会費 3,000円

会員には毎月、会報「やませみ通信」をお届けしています。

- 会長　渡邉知義　鹿沼市花岡町192-2　Tel.0289-63-1918
- 事務局　鹿沼市御成橋町1-2449-18（廣瀬章裕方）Tel.0289-63-1938

花かおる
横根高原
春の花

4月〜6月

花かおる 横根高原

■ アカヤシオ （赤八汐）〈ツツジ科〉 高原 湿原 樹木

高原の林内や林縁に見られ、特に井戸湿原周辺に多く、横根高原で一番早く咲くツツジです。5月上〜中旬の葉が出る前にピンクの花を咲かせます。葉は枝先に輪生状につけます。西日本に多いアケボノツツジの変種とされ、栃木県の県花になっています。

■ シロヤシオ （白八汐）〈ツツジ科〉 高原 樹木

横根山や井戸湿原周辺に多く、5月下旬〜6月上旬に葉と一緒に白い花を咲かせます。アカヤシオと同様に葉は枝先に輪生状につけます。老齢の樹皮が松のように剥がれるのも特徴です。ゴヨウツツジとも呼ばれ、皇室の「愛子さま」のお印としても知られています。

春

トウゴクミツバツツジ 〈東国三葉躑躅〉〈ツツジ科〉

横根高原を代表する花で高原の林内や林縁に多く見られます。5月中旬から6月上旬の葉が出る前または同時に紫色の花を咲かせます。名前のとおり枝先に葉が3枚つきます。ミツバツツジは全国に変種が多く、本種は関東の山地に多いことからこの名がつきました。よく誤称されるムラサキヤシオは那須や東北地方に見られる別の花です。

高原 樹木

ヤマツツジ 〈山躑躅〉〈ツツジ科〉

高原 樹木

県内の山に普通に見られるツツジです。横根高原でも牧場内や林内に多く見られます。高さは1〜3m。6月に朱色の花を咲かせます。冬も葉が見られる半落葉樹です。

花かおる 横根高原

❙ レンゲツツジ 〈蓮華躑躅〉〈ツツジ科〉 高原 湿原 樹木

牧場内や林内、湿原の日当たりのよい場所に見られます。高さ1〜2m。6月に朱色のツツジ類の中では大型の花を咲かせます。各地で大群落が見られますが、横根高原ではそれほどでもありません。全体に毒成分を含んでいて動物は食べません。

❙ ミツバアケビ 〈三葉木通〉〈アケビ科〉 高原 樹木

歩道沿いや林縁などに見られるツル性の木で、5月に紫色の花を房状に咲かせます。秋に実をつけ紫色に熟し食べられます。葉は3枚。葉が5枚のものがアケビ。若芽は山菜として、ツルはアケビ細工に、また山形県などでは栽培され、果皮を山菜料理として利用しています。

春

ハウチワカエデ （羽団扇楓）〈カエデ科〉

高原の林内や林縁、そして、湿原でも見られます。5～6月に葉が開くと同時に、若枝の先にカエデ類の中ではよく目立つ暗紅紫色の花を開きます。秋には紅葉し、プロペラ状の実をつけます。

`高原` `湿原`
`樹木`

オオカメノキ （大亀の木）〈スイカズラ科〉 `高原` `樹木`

高原の林内や林縁に見られます。高さ2～5mの樹木で、5月に白いアジサイのような花を咲かせます。秋には赤い実をつけます。葉が亀の甲羅のように見えることから名づけられました。また、ムシカリとも呼ばれています。虫が葉を好んで食べるためつけられたといわれていますが、他の植物より食痕が多いとも思えません。

花かおる 横根高原

キバナウツギ （黄花空木）〈スイカズラ科〉 [高原] [樹木]

牧場の歩道沿いや林縁に見られます。高さ2〜3mの樹木です。6月に黄色い花を咲かせます。花の中に橙色の網状紋が見られます。幹が中空なウツギ（空木）に樹形が似ていることから名づけられましたが、こちらは中空ではありません。

オトコヨウゾメ （男莢迷）〈スイカズラ科〉 [高原] [樹木]

高原の林縁の明るい場所に見られます。落葉低木で高さ1〜2m、5月末〜6月、新しい枝の先に径5〜10mmほどの白い花を数個つけます。秋に赤い実をつけますが食べられません。秋に紅葉します。

春

コウグイスカグラ （小鶯神楽）〈スイカズラ科〉

湿原の周辺部や山道の林縁部などに見られます。高さは1mを超える程度で、4～5月に葉腋から長さ2cmくらいの花柄を出し、淡黄色の花を2個ずつつけ、秋には赤い実になります。

高原 湿原 樹木

ベニバナノツクバネウツギ （紅花衝羽根空木）〈スイカズラ科〉

道端の日当たりのよい場所に見られます。高さは2m前後のものが多く、5月には赤い漏斗状の花をつけます。ツクバネウツギの変種であり、関東北部から中部地方にかけて分布します。

高原 湿原 樹木

花かおる 横根高原

ズミ （酢実）〈バラ科〉 高原 湿原 樹木

牧場内や林縁、また湿原内にも見られます。6月に白または、部分的にピンクの花を咲かせ、この時期の主役です。枝にとげがあり、秋に赤または黄色の小さな丸い果実をつけます。この実は雪に埋もれた冬の高原の鳥たちの大切な食糧源となります。染料となることから染み（そみ）、あるいは、実が酸っぱいことから酢実ともいわれます。

ミヤマザクラ （深山桜）〈バラ科〉 高原 樹木

林縁等の明るいところで見られます。高さは10〜15m。桜の中では遅く6月に白く小さな花を他の桜と違い枝先にまとまって咲かせます。夏に赤〜紅紫色の実をつけます。

春

ミヤマニガイチゴ （深山苦苺）〈バラ科〉 高原 樹木

牧場内の道路沿いや林縁の明るい場所に見られます。高さ1m前後。5～6月に白い花を咲かせます。葉は3裂しますがしない場合もあります。葉や枝にまばらなトゲがあり、秋に赤いキイチゴの実をつけ食べられます。実の中の種子が苦いので名づけられました。

モミジイチゴ （紅葉苺）〈バラ科〉 高原 樹木

牧場内の道路沿いや林縁の明るい場所に見られます。高さ1m前後。5月に白い花を下向きに咲かせます。葉はモミジのように3～5裂し、茎にトゲがあります。秋に黄色い実をつけ、キイチゴの中でもおいしい部類にはいります。花の咲き方と実の色でミヤマニガイチゴと区別できます。

花かおる 横根高原

▍ヤマザクラ　（山桜）〈バラ科〉　[高原] [樹木]

林内の日当たりのよい場所に見られます。日本の野生の桜の代表的な種類で、横根高原では5月下旬に若葉と同時に花を咲かせます。

▍カマツカ　（鎌柄）〈バラ科〉　[高原] [樹木]

日当たりのよい林縁では花がたくさんつきますが、林内でも見られます。5月に約1cmの雄しべの目立つ花をつけ、秋には赤い実になります。材が硬いので鎌の柄に使われたことから名がつきました。

春

メギ （目木）〈メギ科〉 高原 湿原 樹木

牧場内や湿原に見られ、高さ1～2m。よく枝分かれし針状の細いトゲが葉の付け根や枝にたくさんつきます。5月に黄色の小さな花を下向きに咲かせます。秋には赤い実をつけます。枝を眼薬に使用したためこの名がつきました。

バッコヤナギ （オノエヤナギ）（跋扈柳〈尾上柳〉）〈ヤナギ科〉

牧場内や歩道沿いの明るいところで見られる樹木です。高さ5～15m。ヤマネコヤナギとも呼ばれ、4～5月に銀白色の毛が目立つ花穂をつけます。横根高原ではオノエヤナギも見られますが、こちらは湿った場所を好み、葉が細長く花も地味です。

高原
樹木

花かおる 横根高原

ダンコウバイ （檀香梅）〈クスノキ科〉 [高原][樹木]

高原の林縁に見られます。高さ2〜5mの樹木で、葉の先が3裂することが特徴です。葉が出る前に枝先に黄色の小さな花を無数に咲かせます。檀香はビャクダンの漢名で、葉や枝、種子に芳香があることから名づけられました。

ヤマドリゼンマイ （山鳥薇）〈ゼンマイ科〉 [湿原][草本]

湿原で多く見られる大型のシダです。高さ約1m。群生することが多く、6月に茶色の胞子葉をつけます。春の若い葉は赤褐色の綿毛をかぶっており、山菜のゼンマイの代用としても使われます。

オオバタネツケバナ （大葉種付花）〈アブラナ科〉

湿原やその周辺の湿った場所に見られます。高さ20〜30cm。茎の先に小さな白い十字の花を複数咲かせます。稲の種もみを水につけるころに咲くことからこの名がつきました。同じ仲間のタネツケバナは田んぼ等でよく見られます。

[高原] [湿原]
[草本]

ウスバサイシン （薄葉細辛）〈ウマノスズクサ科〉

林内や湿原の周辺の沢沿いのやや湿った場所に見られます。高さ10〜15cm。地面から伸びる長い柄の先にハート型の葉をつけ、5月に地際に暗い紫色の花を咲かせます。同じ仲間のフタバアオイも見られますが、こちらは花の先が大きく反り返っています。

[高原] [草本]

花かおる 横根高原

イワニガナ （岩苦菜）〈キク科〉　[高原] [草本]

牧場内の草地に見られます。高さ10〜15㎝。5〜6月にタンポポに似た黄色い花をつけます。ジシバリとも呼ばれ、平地の田んぼの畦などでもよく見られる花です。茎や葉を切ると白い苦汁が出ることからこの名がつけられました。

ニガナ （苦菜）〈キク科〉　[高原] [草本]

牧場の道沿い等に見られます。高さ20〜50㎝。5〜8月に長く立ち上がった細い茎の先に数輪の黄色い小さな花を咲かせます。茎や葉を切ると白い苦汁が出ることからこの名がつけられました。白い花のシロバナニガナも見られます。

ウマノアシガタ （馬足形）〈キンポウゲ科〉　[高原] [草本]

キンポウゲとも呼ばれ、林縁や湿原の日当たりのよい場所に見られます。5〜6月はじめに枝先に光沢のある黄色い花を咲かせます。株元の葉が馬の蹄につける馬沓に似ていることからこの名がついたといわれています。平地でもよく見られます。有毒植物。

トリガタハンショウヅル （鳥形半鐘蔓）〈キンポウゲ科〉

湿原周辺の林縁や道端に見られるツル性の草です。5月下旬から6月上旬に黄白色の釣鐘状の花を咲かせます。高知県の鳥形山で最初に発見されたことからこの名がつきました。

[高原] [草本]

花かおる 横根高原

■ ヒメイチゲ （姫一華）〈キンポウゲ科〉 高原 湿原 草本

湿原やその周辺で見られます。高さ5〜10㎝。4〜5月に頂部に小さな白い花を一輪咲かせます。高原ではもっとも早く花を咲かせる植物のひとつです。花が終わると金平糖状の実をつけます。

■ ムラサキケマン （紫華鬘）〈ケシ科〉 高原 草本

牧場の道路沿いや林内歩道沿いで見られます。高さ30〜50㎝。5〜6月に筒状で先が唇形をした紅紫色の花をたくさんつけます。平地でもよく見られる花です。

トウゴクシソバタツナミ　（東国紫蘇葉立浪）〈シソ科〉

湿原や湿原の周辺で見られます。高さ5〜10㎝。6月下旬〜7月上旬に紫色の花を咲かせます。花の形を打ち寄せる波頭にたとえ、葉がシソに似ていることからこの名がつきました。

高原 湿原 草本

クワガタソウ　（鍬形草）〈ゴマノハグサ科〉

林内のやや湿った場所に見られます。草丈は10〜20㎝。葉は卵形でせいぜい5㎝で鋸歯があります。花は4深裂し、雄しべ2個、雌しべ1個の単純な形をしています。

高原 湿原 草本

花かおる 横根高原

タチツボスミレ （立坪菫）〈スミレ科〉 [高原] [湿原] [草本]

牧場内や林内、湿原の各所で見られます。高さ5〜20cm。5月に淡い紫色の花を咲かせます。スミレの仲間ではもっとも普通に見られ、平地でもよく見られます。当地には本書に載っている種のほかにも10数種類のスミレの仲間が見られます。

【横根高原で見られるスミレ】
スミレ、アオイスミレ、アケボノスミレ、エイザンスミレ、サクラスミレ、タチツボスミレ、シロバナタチツボスミレ、ニオイタチツボスミレ、ニョイスミレ、ヒナスミレ、ヒメミヤマスミレ、フイリヒメミヤマスミレ、フモトスミレ、フイリフモトスミレ、フジスミレ、ムラサキコマノツメ

スミレ （菫）〈スミレ科〉 [高原] [草本]

歩道沿いなどの明るい場所で見られます。高さ10〜15cm。5月に紫色の花を咲かせます。花が大工さんの使う「墨入れ（墨壺）」に似ていることからこの名がついたといわれています。

ニョイスミレ （如意菫）〈スミレ科〉 `高原` `湿原` `草本`

ツボスミレとも呼ばれ、林内や湿原の湿った場所に見られます。高さ5〜20cm。5〜6月に小さな白い花を咲かせます。唇弁の中心部に赤紫色の筋模様があるのが特徴です。平地でもよく見られます。長く伸びてカーブする花茎を僧侶が持つ如意棒にたとえ名づけられました。

ヒメスイバ （姫酸葉）〈タデ科〉 `高原` `草本`

牧場内の道路沿いに見られます。高さ20〜40cm。5〜6月に赤みを帯びた花茎を伸ばします。明治初期に渡来したヨーロッパ原産の帰化植物です。シュウ酸を含み牛は食べません。

花かおる 横根高原

■ ミミナグサ （耳菜草）〈ナデシコ科〉　[高原] [草本]

牧場内の道路沿いに見られます。高さ15〜30㎝。5〜6月に茎の先端に小さな白い花を咲かせます。茎につく2枚の葉が動物の耳のようなのでこの名がつきました。平地では帰化植物のオランダミミナグサが大半です。花柄がオランダミミナグサよりずっと長く、茎やガクの部分が暗紫色であること等で区別がつきます。

■ ワチガイソウ （輪違草）〈ナデシコ科〉　[高原] [草本]

林内の道端や林縁で見られます。高さ5〜15㎝。5月に葉の間から細い茎を伸ばし白い花を咲かせます。名前の由来は、江戸時代に名前がわからず○○草と書いていた○が重なっていて、輪違い紋のようになっていたからといわれていますが真相は不明です。

春

■ ミツバツチグリ （三葉土栗）〈バラ科〉　[高原] [草本]

牧場内や歩道沿いの日当たりのよい場所に見られます。高さ15〜30㎝。葉は3出複葉で裏が白く、5〜6月に黄色い花を咲かせます。平地でも見られます。

■ ネコノメソウ （猫目草）〈ユキノシタ科〉　[高原] [湿原] [草本]

湿原や林内の沢などの湿った場所に群生します。高さ5〜15㎝。4〜5月に黄色い花を咲かせます。花の周りの葉も黄色くなりよく目立ちます。開いた実が猫の目のようなことからこの名がつきました。

花かおる 横根高原

■ フデリンドウ （筆竜胆）〈リンドウ科〉 高原 湿原 草本

林内や湿原で見られます。高さ5〜10㎝。4〜5月に茎の先に数輪の青紫色の花を上向きに咲かせます。花は晴れているときだけ開き、曇りや雨の日は筆先のようなつぼみ状態で閉じているためこの名がつきました。

■ タニギキョウ （谷桔梗）〈キキョウ科〉 高原 草本

林内のやや湿った場所や渓流の周辺に見られます。細い地下茎が多数枝分かれし、その先端が地上茎となり密な群落を作ります。高さはせいぜい10㎝程度。6〜7月に茎の先端やその近くの葉腋の基部から花柄を伸ばし、白い小さな花をつけます。

ヒナスゲ （姫菅）〈カヤツリグサ科〉 [高原] [草本]

高原の林内の岩上や歩道沿いに多く見られ、地面を覆うように群生します。雌・雄別株で高さ5～10cmで、5～6月にあまり目立たない小さい花を穂状につけます。

マムシグサ （蝮草）〈サトイモ科〉 [高原] [湿原] [草本]

林内のやや湿った場所で見られます。高さ50cm～1m。5～6月に2枚の葉の間から柄を伸ばし、先に仏炎苞と呼ばれるものをつけます。仏炎苞は紫から緑色をしていますが、横根高原では緑色のものが多く変種のユモトマムシグサであるともいわれています。茎の斑点が蝮のようなのでこの名がつきました。秋には赤い実をつけます。

花かおる 横根高原

ショウジョウバカマ （猩猩袴）〈ユリ科〉

湿原や林内のやや湿った場所に見られます。4～5月に根元からロゼット状に広げた葉の中から10～20㎝の花茎が立ち、その先端に淡紅色～紫色の花を咲かせます。花が終わったあとも花茎は長く残り、夏に緑の花が咲いているように見えます。

高原　湿原　草本

チゴユリ （稚児百合）〈ユリ科〉　高原　湿原　草本

湿原や林内で見られます。高さ15～30㎝。5～6月に茎の先端に1㎝ほどの白い花を1～2個咲かせ花後に黒色の液果をつけます。小さくて可愛らしいことから「稚児ユリ」と名づけられました。

春

マイヅルソウ （舞鶴草）〈ユリ科〉　[高原] [湿原] [草本]

湿原や林内によく見られ、ときに群生します。高さ10〜15㎝。2枚のハート形の葉をつけ、その間から5〜6月に白い小さな花を咲かせます。秋には透き通ったガラス玉のような実をつけます。鶴が舞ったように見える葉からこの名がつきました。

ササバギンラン （笹葉銀蘭）〈ラン科〉　[高原] [草本]

林内でまれに見られます。高さ30〜40㎝。5〜6月に茎の先端に数個の白い花を咲かせます。ギンランに似ていますが花より葉の先端が高い位置にくるか同じ高さとなります。特殊な菌と共生しているため栽培は不可能です。

トキソウ （朱鷺草）〈ラン科〉

湿原の中に見られます。高さ15〜20㎝で6〜7月、茎の先に径2㎝ほどの紅紫色（トキ色）の花をつけます。　[高原] [草本]

自然観察のスタイル

道端の小さな花もルーペで見ると、驚くほど美しかったり、奇妙な虫に驚いたり、ときには頭上の木の枝から聞こえる野鳥のさえずりに聞きほれたり。自分が観察したい自然に合わせていでたちも考えてみてください。

① 食料　② カサ　③ タオル
④ ビニール袋（ゴミ持ち帰り用）
⑤ ポット　⑥ 着替類　⑦ 雨具
⑧ 救急セット　⑨ カメラ
⑩ ICレコーダー（鳴き声など録音）

① **帽子**　暑い日差しを防ぐ。なんでもよい

② **望遠鏡**

③ **双眼鏡**

④ **フィッシングベスト**
ポケットが多く磁石など小物を入れるのに便利

⑤ **大工さんの道具入れ**
図鑑、ノート、筆記用具、ルーペ、地図などを入れておく

⑥ **ズボン**
ゆったりした丈夫なもの

⑦ **靴**
ワークブーツ、トレッキングシューズ、スニーカー、長ぐつ、地下たびなど

花かおる
横根高原

夏の花

7月～8月

花かおる 横根高原

ニシキウツギ （二色空木）〈スイカズラ科〉　高原　樹木

牧場周辺の道沿いや林縁に見られる低木です。高さ2～3m。6月ごろ3cmほどのロート状の花を葉の付け根に2～3個つけます。花ははじめは白色で後に暗紅色になります。

コメツツジ （米躑躅）〈ツツジ科〉　高原　湿原　樹木

牧場周辺から横根山、そして、湿原の中でも見られます。大きな株を作り高さ1～2m、葉は全体に白っぽく見えます。7月に白い小さなツツジの花をつけます。

サラサドウダン （更紗灯台）〈ツツジ科〉

高原の道沿いや林内、そして、湿原でもたくさん見られます。高さ3～4m。幹はなめらかで灰色です。6～7月、花の外面は淡紅白色で縦に紅色の筋がある1cmほどのつぼ状の花をたくさんつけます。

ナツツバキ （夏椿）〈ツバキ科〉

牧場周辺や高原の林内に見られます。夏にツバキに似た白い花をつけることからこの名があります。樹皮が剥がれやすく、なめらかな樹肌も特徴のひとつです。別名はシャラノキ。

花かおる 横根高原

■ シモツケ （下野）〈バラ科〉　　高原 湿原 樹木

牧場周辺から横根山、そして、湿原の中でも見られます。高さ1～1.5mの低木で7～8月、枝の先に小さな淡紅色の花が群がって咲きます。なお、シモツケソウは草本です。

■ モミ・ウラジロモミ （樅・裏白樅）〈マツ科〉　　高原 樹木

牧場内や横根高原によく見られる常緑の針葉樹です。かなり高木になり、横根高原の代表的な樹種になります。モミは一般的にウラジロモミより標高の低いところに生育しますが、横根高原では両種とも見られます。ウラジロモミは葉の裏側が白いこと、若枝は無毛で葉先はモミほど鋭く2裂しないという特徴があります。また枝にまっすぐ葉がつくのはモミで、らせん状につくのはウラジロという区別点があります。

左　モミ　　右　ウラジロモミ

夏

■ イワガラミ （岩絡）〈ユキノシタ科〉 高原 樹木

樹林地内や林縁によく見られます。名のとおり高木の樹幹や岩などに多数の気根を出しながら這い登って生育します。花の中心部には小型の両性花が多数あり、周辺部には1枚のガクからなる装飾花をつけます。

■ ツルアジサイ （蔓紫陽花）〈ユキノシタ科〉

イワガラミ同様、横根高原に見られますが、木の姿や生態はよく似ています。区別点は花の中心部の両性花の外側につく装飾花が4枚のガクからなること、葉の鋸歯はイワガラミより細かいことです。

高原 湿原 樹木

花かおる 横根高原

■ コアジサイ （小紫陽花）〈ユキノシタ科〉 高原 湿原 樹木

牧場周辺から高原の林内や林縁のいたるところで見られます。高さ1～1.5mの低木で、6～7月に薄紫の小さな花がたくさん集まって円錐状に咲きます。

■ ヤマアジサイ （山紫陽花）〈ユキノシタ科〉 高原 樹木

林内の沢沿いなどに生え、別名サワアジサイとも呼ばれます。8月に花が咲き中心に多数の両性花、その周辺には4弁の装飾花をつけます。色は白、青、桃など変化に富み、多数の園芸品種があります。

ノリウツギ （糊空木）〈ユキノシタ科〉 高原 湿原 樹木

ハイランドロッジから井戸湿原への道沿い、高原の林縁、そして湿原内でも見られます。高さ1.5〜3mの低木で7月ころから白いアジサイのような花をつけよく目立ちます。枝を折るとねばねばします。

リョウブ （令法）〈リョウブ科〉 高原 樹木

林内に普通に見られますが、明るい尾根筋のようなやや乾燥した場所を好みます。初夏から夏に白い房状の花をつけます。樹皮が薄く剥がれてなめらかな幹が特徴です。1科1属1種で近縁種がありません。「令法」という名は、救荒植物として育て蓄えることを法で決められたからといわれています。

花かおる 横根高原

シシガシラ　（獅子頭）〈シシガシラ科〉　[高原] [草本]

林内のやや湿った場所に普通に見られます。放射状に葉を広げるが、斜面に生育していることが多く、斜面方向に葉が垂れ下がる傾向があり、このような様を獅子のたてがみにたとえたのが和名の由来といいます。ところが、意外に分布が狭く、日本特産です。

イワアカバナ　（岩赤花）〈アカバナ科〉　[高原] [湿原] [草本]

高原の湿ったところや湿原で見られます。高さ15〜50cmで、直立し上部は多くの枝を分けます。7〜8月、葉の付け根から5〜8mmの紅色または白色の4弁の花をつけます。果実は棒状で4〜5cmになります。

ギンリョウソウ （銀竜草）〈イチヤクソウ科〉 高原 草本

高原の林内の湿り気のあるやや薄暗いところで見られますが個体数はあまり多くありません。高さ8～15cmでロウソクのように白く6～8月、数本が株立ちします。落ち葉などから栄養をもらう寄生植物で、別名ユウレイタケともいいます。

オトギリソウ （弟切草）〈オトギリソウ科〉

牧場周辺や高原の道筋、湿原などで見られます。茎は直立して高さ30～50cm。7～8月、茎の上部に5弁の径8mm～1cmの黄色い花を10個ほどつけます。高さ5～10cmのコケオトギリも見られます。

高原 湿原 草本

トモエソウ （巴草）〈オトギリソウ科〉 高原 草本

湿原の中に見られ、よく目立ちますが個体数は少ないようです。7～8月、背丈1mくらいの茎の先に径約5cmの黄色い花をつけます。花弁が巴（ともえ）状にややねじれています。

花かおる 横根高原

イケマ （アイヌ語で神の足の意味）〈ガガイモ科〉

高原の林縁で見られるツル草です。7〜8月に葉の腋からたくさんの花茎が出て、その先に白い小さな花を咲かせます。シカが食べないため奥日光では群生しています。

クガイソウ （九蓋草）〈ゴマノハグサ科〉

湿原で見られます。高さ80〜130cm。7〜8月に茎の先に長い穂状の青紫色の小さな花をたくさんつけます。葉が何段もの層になることから「九蓋草」と名づけられました。蓋（がい）というのは笠を数える呼び方です。

サワギキョウ （沢桔梗）〈キキョウ科〉 [湿原] [草本]

湿原のミズゴケの生えているところに小さな個体が見られます。以前は大きな個体が群落を作っていましたが、シカによる食害で数が減ってしまいました。高さ 30～50㎝。8～9月に濃い紫色の花を穂状につけます。

ホタルブクロ （蛍袋）〈キキョウ科〉 [高原] [草本]

牧場周辺や湿原への道沿いに見られますが個体数は少ないようです。高さ30～60㎝。茎がやや傾いていることが多く、7～8月、釣鐘を下げたような淡紅紫色の花をつけます。

花かおる 横根高原

■ ウスユキソウ （薄雪草）〈キク科〉 高原 草本

横根山や湿原で見られます。高さ20〜40㎝、株立ちすることが多く7〜8月、茎の上部に白い綿毛をつけた葉を数個つけ、その中に小さな花があります。アルプスに見られるエーデルワイスの仲間です。

■ コウゾリナ （顔剃菜）〈キク科〉 高原 草本

高原の日当たりのよい草むらや牧場周辺の道沿いに見られます。高さ30〜80㎝。6〜8月、枝分かれした茎の先に径2〜2.5㎝の黄色い花をつけます。茎や葉がざらつき特に茎に毛が多くざらざらするので頬剃り（ほほそり菜）の名があります。

夏

ノコンギク （野紺菊）〈キク科〉　[高原] [湿原] [草本]

日当たりのよい高原の道沿いや湿原の中に見られます。背丈は50〜80㎝。8〜10月、よく枝分かれした茎の先に淡青紫色のキクの花をつけます。株に触れるとざらつくような感じがします。横根高原では野菊の仲間が6種類ほど見られます。

ノハラアザミ （野原薊）〈キク科〉　[高原] [湿原] [草本]

道沿い、林縁、湿原など各地で見られます。高さ50〜70㎝。長い花柄の先端に夏から秋の初め淡紅色の花をつけます。花の付け根の部分に触っても粘らないのがノアザミとの違いです。

花かおる 横根高原

ハンゴンソウ （反魂草）〈キク科〉　[高原][湿原][草本]

湿原とその周辺で見られます。高さ1～2m。夏に茎先に黄色い花をたくさん咲かせます。帰化植物のオオハンゴンソウとは花のつき方や葉が違いまったく別の仲間です。

メタカラコウ （雌宝香）〈キク科〉　[高原][湿原][草本]

林内の湿った場所や湿原に見られます。高さ60㎝～1m。8～9月に茎先に房状の花穂を伸ばし黄色い花をたくさんつけます。花は下から順々に咲き、花弁のような舌状花は1～3枚と少なく、同じ仲間のオタカラコウ（5～9枚）と区別できます。根の香りが宝香という香料に似ていることから名づけられました。

ヤマハハコ （山母子）〈キク科〉　[高原][湿原][草本]

高原や湿原によく見られます。高さ30～50㎝。夏から秋に花が咲きますが、株立ちになることが多く、白い小さなキクの花を固まってつけます。秋になると自然のドライフラワーになります。

ヨツバヒヨドリ （四葉鵯）〈キク科〉 [高原] [草本]

高原の日当たりのよい草地や林縁に見られますが個体数は少ないようです。背丈は約1m。8〜9月、茎の先に5mmほどの小さな花をたくさん円錐状につけます。平地で見られるヒヨドリバナに似ていますが4枚（まれに3枚）の葉が輪生し花の色が白くないので見分けられます。

カニコウモリ （蟹蝙蝠）〈キク科〉 [高原] [湿原] [草本]

高原の林内や、やや暗い道沿いに群生します。高さは60〜90cm。7月下旬から8月に葉の間から長い花柄を伸ばし、白い小さな花をたくさんつけます。カニの甲羅のようなコウモリソウということから名づけられました。

花かおる 横根高原

■ ヨツバムグラ （四葉葎）〈アカネ科〉　[高原] [草本]

日当たりのよい道端などに見られます。細長く、40cm程度に伸びた茎に4枚ずつの葉が輪生するのでこの名があります。5～6月に星形の小さな花をつけます。果実には曲がったこぶ状の突起が密生するのも特徴です。

■ オカトラノオ （岡虎尾）〈サクラソウ科〉　[高原] [草本]

湿原の周辺などの明るい場所で見られます。高さは50cm～1m。7月下旬から8月に15cmくらいの尻尾（しっぽ）状の白い花穂をつけます。花穂は直立せず、ぐにゃっと曲がった状態から名づけられました。

ヤマゼリ　（山芹）〈セリ科〉　[高原] [草本]

高原の林縁や沢沿いに見られます。高さは50㎝～1m。8月に白い小さな花をたくさんつけます。花が咲くまで数年かかり、花が咲くと枯れてしまいます。セリの仲間の植物は区別が難しく専門家でも悩むところです。

タニソバ　（谷蕎麦）〈タデ科〉　[高原] [草本]

湿原周辺や林内の沢沿いなどの湿った場所で見られます。高さは30㎝～1m。8月下旬から9月に茎の先に数個の白い花をつけます。秋の頃のミゾソバによく似ていますがトゲはなく葉がひし型で葉柄に翼があります。また、花の直下の葉は茎を抱くようにつきます。

エゾシロネ　（蝦夷白根）〈シソ科〉　[湿原] [草本]

湿原に見られます。高さ20～40㎝。葉の腋に白い小さな唇形の花を茎を取り囲むように段になってつけます。地下茎が白いことから名づけられました。

花かおる 横根高原

キンミズヒキ （金水引）〈バラ科〉　[高原] [草本]

牧場の周辺や高原の道沿い、林縁などにたくさん見られます。高さ30〜50cm。8〜9月、長く伸びた花茎に5枚の花弁をつけた黄色い小さな花を穂状につけます。ミズヒキ（タデ科）は赤い花をつけます。

ダイコンソウ （大根草）〈バラ科〉　[高原] [草本]

高原のやや湿り気の多い道端や林縁に見られます。高さ50〜80cm。7〜8月ごろ径1.5cmほどの5枚の花弁をつけた黄色い花をつけます。花が終わると金平糖状の緑の果実をつけます。

夏

ゲンノショウコ　（現証拠）〈フウロソウ科〉　[高原] [草本]

牧場や高原の歩道沿いの明るい場所に見られます。高さ30〜50㎝。8〜9月に白紫色または紅紫色の花を咲かせます。干したものを煎じて下痢止め、健胃薬として使われます。飲むとすぐ効くので「現の証拠」の名があります。

モウセンゴケ　（毛氈苔）〈モウセンゴケ科〉　[湿原] [草本]

湿原のミズゴケの中に多く見られる食虫植物です。高さ2〜5㎝。葉の繊毛から粘液を出して小さな虫をとらえます。一見赤っぽく見え、8月ごろ細い茎を伸ばし小さな白い花をつけます。

モウセンゴケの花

花かおる 横根高原

▌チダケサシ 〈乳茸差〉〈ユキノシタ科〉 高原 湿原 草本

牧場周辺や高原の道沿い、そして、湿原でも見られます。高さ30〜70cm。7〜8月、茎の先に小さな白色〜淡紅色の花をたくさんつけます。茎が固くキノコのチタケを差して持ち帰ったのでこの名があります。

▌ヤグルマソウ 〈矢車草〉〈ユキノシタ科〉 高原 湿原 草本

湿原周辺や沢沿いなどに群落を作ります。夏には白い円錐状の花をつけ高さは1mくらいになります。5つに裂けた形の大きな葉が、鯉のぼりの先端でくるくる回る「矢車」に似ていることから名がつきました。

エゾリンドウ／オヤマリンドウ・リンドウ

（蝦夷竜胆／御山竜胆・竜胆）〈リンドウ科〉

オヤマリンドウ

湿地や草原に見られます。秋になると紫色の花を、茎の先端のみにつけるオヤマリンドウと違い何段か葉の付け根にも咲きます。リンドウは花の外側に褐色の部分があることで区別できます。

`高原` `湿原` `草本`

エゾリンドウ

ツルリンドウ 〈蔓竜胆〉〈リンドウ科〉 `高原` `草本`

林内で地面を這うように生育しているのがよく見られます。茎の長さは40～80㎝。夏になると葉の腋に淡紫色の花をつけ、秋になると実が赤く熟するのでよく目立つようになります。

花かおる 横根高原

ハナイカリ 〈花錨〉〈リンドウ科〉 高原 湿原 草本

湿原や湿原周辺の日当たりのよいところで見られます。高さ20〜60cm。8〜9月に葉の腋から花柄が数本出て黄緑色の花を咲かせます。距がある花の形が船の錨に似ていることにより名づけられました。

サギスゲ 〈鷺菅〉〈カヤツリグサ科〉 湿原 草本

湿原全体に広く生育しています。花は目立ちませんが、花の終わったあとの白い綿毛がよく目立ちます。高さ20cm前後。6〜7月に一方にかたよった綿毛をつけます。綿毛の丸いのはワタスゲです。

ワタスゲ （綿菅）〈カヤツリグサ科〉　湿原　草本

湿原の一部に多くの株が集まって見られます。高さ 20 〜 40cm。白い綿毛は花の下の絹状の毛が花のあと伸びたものです。花は5月半ば過ぎに咲きますがあまり目立ちません。

ワタスゲの花

コバギボウシ（オオバギボウシ）

（小葉擬宝珠）（大葉擬宝珠）〈ユリ科〉　高原　湿原　草本

日当たりがよく湿り気のある草原や湿地に見られます。高さ 15 〜 30cm。8月に紫色の花を穂状に十数個つけます。花序の先端のつぼみが橋の欄干にある擬宝珠に似ていることから名がつきました。葉の大きなオオバギボウシも少ないですが見られます。

コバギボウシ

オオバギボウシ

花かおる 横根高原

コオニユリ （小鬼百合）〈ユリ科〉 湿原 草本

湿地内に見られますが数は多くありません。8月に1～1.5mの花茎を伸ばし、朱赤色の目立つ花を5～6輪つけます。オニユリとの違いはムカゴをつけないことです。

タマガワホトトギス （多摩川杜鵑草）〈ユリ科〉 高原 湿原 草本

高原の水気の多い道端や沢筋、そして、湿原の中にも見られます。茎は傾いていることが多く長さ30～50cm。7～8月、茎の先に径3cmほどの黄色い花を2～3個つけます。

ノギラン （芒蘭）〈ユリ科〉　　高原　湿原　草本

高原の林内や林縁、そして、湿原でも見られます。高さ 10 ～ 20cm。
8月ごろ淡緑色の小さな花を穂状につけます。穂に触れると粘るのは
ネバリノギランです。

バイケイソウ （梅蕙草）〈ユリ科〉　　高原　湿原　草本

湿地や林内の沢沿いに大きな群落を作りま
す。夏には1mを超える大きな株になり、
緑白色の臭気のある花を咲かせます。白い
花のコバイケイソウは横根高原にはありま
せん。どちらも有毒植物です。

花かおる 横根高原

クモキリソウ (雲切草)〈ラン科〉 [高原] [草本]

高原のやや湿った林縁に生えますが個体数は少ないようです。高さ15㎝前後、6〜7月、2枚の葉の間から花茎を伸ばし、薄緑色の小さな花をまばらにつけます。葉の縁が細かく波打ちます。

ネジバナ

(螺旋花)〈ラン科〉

牧場周辺の草むらや道沿いの草の中に見られます。高さ15〜20㎝。7〜8月、紅色の小さな花を穂状につけ、穂は少しねじれています。ねじれているのでモジズリの名もあります。

[高原] [草本]

ミズチドリ

(水千鳥)〈ラン科〉

湿原に点々と見られますが本当に数の少ない貴重種です。高さ40〜70㎝。7月ごろ白い小さなランの花を穂状につけ、千鳥が飛んでいるように見えます。

[湿原] [草本]

花かおる
横根高原

秋の花

9月～11月

花かおる 横根高原

■ シラカバ（ダケカンバ）（白樺）（岳樺）〈カバノキ科〉

高原の各地に見られ、樹肌が白いのでよく目立ちます。近縁のダケカンバはより標高の高い場所を好みますが高原では両方見られます。樹肌が薄赤茶色、幹の薄皮が剥がれやすいなどで見分けます。秋に黄色く紅葉します。

シカカバの樹皮

ダケカンバの樹皮

中央がダケカンバ、両脇がシラカバ

■ ミズナラ （水楢）〈ブナ科〉

高原の主要な樹木であり古いものは巨木になります。樹皮には不規則な裂け目があり、薄片状のものが重なり剥がれます。葉柄はないか、ごく短いのが特徴で、秋にはコナラより大きいドングリを実らせます。

ミズナラのドングリ

秋

■ カラマツ （唐松）〈マツ科〉　[高原] [湿原] [樹木]

高原や湿原周辺によく見られます。唯一の落葉性針葉樹で、新緑や黄色く紅葉する時期は美しい光景を作ります。しかし、植林されたもので、井戸湿原内への侵入も多く、乾燥化防止のために除去しています。

カラマツの萌芽

カラマツの黄葉

■ ナナカマド （七竈）〈バラ科〉　[高原] [湿原] [樹木]

高原内各地に見られ、高さは10m程度になります。夏には白い花をつけ、秋になるといち早く紅葉し、赤い実をつけます。名前は7回かまどに入れても燃えないからといわれています。

ナナカマドの花

ナナカマドの実

71

花かおる 横根高原

ソバナ （蕎麦菜）〈キキョウ科〉 [高原] [草本]

林内の沢沿いや林縁などに見られますが大きな群落は作りません。草丈は大きくて1m程度。9月に淡い紫色の鐘型の花をまばらにつけます。花はツリガネニンジンより大きく、漏斗状で先が5裂します。

ツリガネニンジン （釣鐘人参）〈キキョウ科〉 [高原] [草本]

日当たりのよい草原に多く見られます。高さは60〜80cm。9月ごろ紫色の花をつけますが、ソバナより花数が多く、輪生することが特徴です。若い葉はトトキと呼ばれ、食用になります。

アキノキリンソウ （秋麒麟草）〈キク科〉 高原 湿原 草本

湿原や日当たりのよい林縁によく見られます。高さ 30 〜 60 ㎝。8 〜 10 月に黄色い小さな花を穂状につけよく目立ちます。花の美しさをベンケイソウ科の麒麟草にたとえ、秋に咲くので名がついたといわれます。

ゴマナ （胡麻菜）〈キク科〉 高原 湿原 草本

日当たりのよい高原の道沿いや湿原の木道近くに見られます。高さは 1 m 以上になり、8 〜 10 月に小さな白いキクの花を半球状につけ、群生しているところもあります。

花かおる 横根高原

■ シラヤマギク （白山菊）〈キク科〉　[高原][草本]

高原の道端や草原に見られ、8月以降茎を伸ばして1m以上になります。白い野菊ですが、花弁の数が少なく、花弁の間に隙間があることで他の種類と区別できます。下部の葉は大きく柄に翼があります。

■ ユウガギク （柚香菊）〈キク科〉　[高原][草本]

日当たりのよい草原や道端に見られます。高さは50㎝～1m。8～10月、他の野菊より少し早く咲きます。花の色は白と薄紫があり、葉の両面がざらつかない、株の葉の切れ込みが深いなどの特徴があります。

シロヨメナ （白嫁菜）〈キク科〉　[高原] [湿原] [草本]

林内や日陰の林縁、湿原の縁によく見られます。高さはせいぜい1m。9月ごろ白い野菊の花をつけますが、花の大きさが一回り小さいことで他の野菊と区別できます。シカが食べないので増加傾向にあります。

トネアザミ　（利根薊）〈キク科〉　[高原] [湿原] [草本]

日当たりのよい草地や湿地の周辺に見られます。高さは50cm～1m。花は他のアザミより遅く9～10月に咲きます。横向きに咲くことが多く、太く長い総苞片が広く開出し、やや反り返るのが特徴です。

花かおる 横根高原

■ ナンブアザミ （南部薊）〈キク科〉　[高原] [湿原] [草本]

湿地の周辺に見られますが数は少ないです。2mにも達する大きなアザミで、秋にたくさんの花を横や下向きにつけます。開花時には根本の葉は枯れてしまいます。

■ ヤマノコギリソウ （山鋸草）〈キク科〉　[高原] [湿原] [草本]

湿原の木道周辺でたくさん見られますが、高原では少ないようです。高さ50cm～1m。茎は直立し細い葉はノコギリのような細かい切れ込みがあります。8月下旬～9月、茎の先に3mm程度の小さな花をたくさんつけます。

キオン （黄苑）〈キク科〉

湿原の周辺などの明るい場所で見られます。高さは50cm〜1m。9月に茎の先に黄色い花をたくさんつけます。ハンゴンソウと似ていますがハンゴンソウは葉が3裂することで区別できます。

サラシナショウマ （晒菜升麻）〈キンポウゲ科〉

高原の道沿いや林縁、湿原等にも見られます。高さ50cm〜1m。葉は小さく3つに分かれ、8〜9月、枝先に小さな花を密に穂状につけます。白い穂は少し曲がることが多いようです。

花かおる 横根高原

ナンタイブシ（トリカブト）（男体付子）（鳥兜）〈キンポウゲ科〉

高原の沢沿いや湿原の中に見られます。高さ50～80cm。茎が斜めに倒れていることが多いようです。8～9月、紫色の美しい烏帽子に似た花を数個～10個ほどつけます。トリカブトの変種で有毒なので気をつけてください。

`高原` `湿原` `草本`

ミゾホオズキ （溝酸漿）〈ゴマノハグサ科〉

`高原` `草本`

牧場内の溝や林内の沢沿いの湿った所に見られます。高さ10～30cm。9～10月に葉の腋に黄色い筒状の花を咲かせます。溝に咲き実がホオズキに似ていることから名づけられました。

ハンカイシオガマ 〈樊噲塩竈〉〈ゴマノハグサ科〉

高原の林縁で見られます。高さは30〜90㎝。9月に長く伸びた茎の先に穂状に紫色の花をつけます。一部の栄養を他の植物からもらう半寄生植物です。樊噲は中国の漢の時代の武将。草の姿が壮大なのでたとえた名らしいです。

`高原` `草本`

フトボナギナタコウジュ 〈太穂薙刀香需〉〈シソ科〉

高原の道沿いなどの明るい場所で見られます。高さは30〜60㎝。9〜10月に茎の先に薄紫色の花穂をつけます。花は穂の一方にかたよって咲き、その様子から名づけられました。

`高原` `草本`

花かおる 横根高原

ミゾソバ （溝蕎麦）〈タデ科〉 高原 湿原 草本

湿原周辺や林内の溝で見られます。高さ30cm～1m。9～10月に茎の先に数個の紅紫色の小さい花を密な半球状に咲かせます。茎にはまばらに下向きのトゲがあり、葉は牛の顔をさかさまにしたようなほこ形で、左右対称の紫色の斑が入ることがあります。

アキノウナギツカミ （秋鰻掴）〈タデ科〉

湿原周辺に見られます。茎はツル状に長く伸びて他によりかかるように生育します。秋になると茎の先に数個の紅紫色の小さい花を密な半球状に咲かせます。葉が細長く付け根は矢じりのような形で茎を抱くことでミゾソバと区別できます。茎には多数の下向きのトゲがあり、名前はここから来ています。

高原 湿原 草本

イタドリ （虎杖）〈タデ科〉 　高原　草本

湿った場所から乾燥した荒地まで、さまざまな場所に生育できます。夏以降、葉の付け根から枝を出し、その先に白い小さな花を多数つけます。花の色が紅色を帯びるものをベニイタドリ（名月草）と呼びます。茎は中空で多数の節があり、その構造は竹に似ています。春の新芽のころには茎は柔らかく、折り取るとポコンと音がし、食べると酸っぱいので「すかんぽ」、「かっぽん」などと呼ばれたりもします。

ベニイタドリ（名月草）

ヤナギタデ （柳蓼）〈タデ科〉 　高原　草本

湿原の周辺などの明るい場所で見られます。高さは30〜80cm。葉は柳のように細長く9〜10月に茎の先に細長い花穂をつけます。本蓼、真蓼ともいい日本料理では刺身のつまや鮎を食べるときの蓼酢を作るのに使われます。

花かおる 横根高原

ツリフネソウ （吊船草）〈ツリフネソウ科〉　[高原] [草本]

高原の湿り気の多いところや沢沿いに見られます。高さ50〜80cm。8〜9月、枝先に数個の紅色の花が吊り下がります。ホウセンカの仲間で、熟した果実はふれると急にはじけて種子を飛ばします。

ダイモンジソウ （大文字草）〈ユキノシタ科〉

湿り気のある岩肌などについて生育します。長い軸を持つ葉が地際からたくさん出て、8〜10月には10〜40cmの花茎を伸ばし、たくさんの「大」の形をした白い花をつけます。

[高原] [湿原] [草本]

アケボノソウ （曙草）〈リンドウ科〉　`高原` `湿原` `草本`

高原の沢沿いや湿原に見られますが数は少ないです。高さ50〜80cmになり、8〜9月、枝分かれした茎先に1cmほどの白黄色の5弁の花をつけます。花びらの先の方に細かい点々があります。

センブリ （千振）〈リンドウ科〉　`高原` `草本`

高原のやせた土壌の草原や路傍に見られます。高さは20〜30cm。秋遅く、薄紫の線の入った5深裂の白い花を多数咲かせます。葉や茎には強い苦味があり健胃薬として知られています。

横根高原で見られる主な カエデ類

イロハモミジ

平地から横根高原まで広く見られます。葉は6〜7裂し、深く切れ込み、縁には鋭い5〜7のふぞろいのぎざぎざがあります。葉の裂片の数をイ・ロ・ハ・ニ……と数えたので、この名があります。

ハウチワカエデ

高原の林内や林縁、そして湿原でも見られます。葉は浅く9〜11裂して、縁にはぎざぎざがあります。葉柄は短く、葉面や葉柄に毛があります。

オオイタヤメイゲツ

高原の林内や林縁で多く見られます。ハウチワカエデやコハウチワカエデに似ていますが、葉は11〜13裂して、やや薄く光沢があります。葉柄が葉身より長いのが特徴です。

ウリハダカエデ

高原の林内や林縁に高木や幼木が多く見られます。若い木の木肌は緑色で黒い斑紋があり、マクワウリの果皮に似ています。葉はほぼ五角形で3〜5裂し、縁にはふぞろいのぎざぎざがあります。

ヒトツバカエデ

高原の林内で見られますが、数は少ないようです。葉は倒卵形で円く、先端は短く尾状に伸びます。マルバカエデの名があります。

アサノハカエデ

高原の林内や道沿いに多く見られます。葉は浅く5〜7裂し、表面にはしわがあり、裏面と葉柄には短毛があります。葉が麻の葉に似ていることから、この名があります。

コミネカエデ

ハイランドロッジから湿原への道沿いや高原の林内によく見られます。葉は5〜7に中裂して上部の3個が尾状に長くなります。

イタヤカエデ

高原の林内や林縁、そして湿原でも多く見られます。葉柄は長く、葉は浅く5〜7裂して三角状で先がとがります。葉がよく茂り、板屋根のように雨がもらないということから、この名があります。

ウリカエデ

低山の林縁に多く見られ、高原では少ないようです。木肌は青緑色を帯び、葉は卵形〜長卵形で秋には黄色に色づきます。木肌がウリの色に見えるのでこの名があります。

オオモミジ

高原の林内に見られますが、数は多くありません。葉は浅く5〜9裂して縁には細かくそろったぎざぎざがあります。

カジカエデ

高原の林内で見られますが、数は多くありません。葉はほぼ五角形で5中裂し、上の3裂片が大きくカナダの国旗によく似ています。

コハウチワカエデ

高原の林内や林縁で見られます。葉はハウチワカエデより小形で、浅く5〜11裂しています。

花の見方用語解説

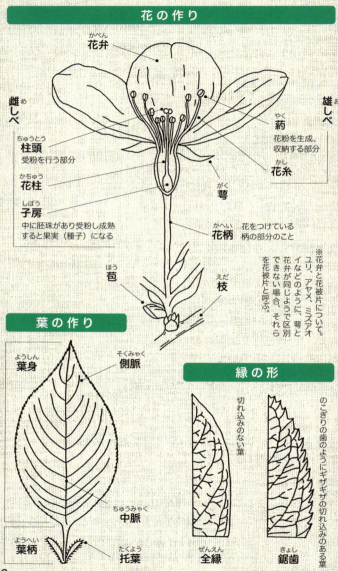

葉の形

だえんけい
楕円形

らんけい
卵形

しんけい
心形

せんけい
線形

ひしんけい
披針形

基部の形

くさび形

せっけい
切形

みみがた
耳型

矢じり形

葉のつき方

茎の節に互い違いにつくもの
ごせい
互生

茎の節に向かい合ってつくもの
たいせい
対生

茎の節に3枚以上つくもの
りんせい
輪生

けいよう
茎葉 地上の茎につく葉

こんせいよう
根生葉 根本から出ている葉

茎を抱く

横根高原の昆虫

チョウ

横根高原ではタテハチョウの種類が特に多く、希少なヒオドシチョウやキベリタテハなども頻繁に見ることができます。ミズナラを主木とした林では、樹上性のチョウのため、なかなか出会えませんが、ゼフィルス(西風の妖精)と呼ばれる美しい色彩のシジミチョウの種類も数多く生息しています。運がよければ、樹上から下りてきたこのチョウの仲間に会えるかもしれません。

キベリタテハ
野武士を思わせる
美しく精悍ないでたち

ウスイロオナガシジミ
ゼフィルス(西風の妖精)の仲間

ヒオドシチョウ
武士の鎧の緋縅の色彩に似ているところから名がつけられた

クジャクチョウ
羽にある孔雀の飾羽に似た
目玉模様からこの名がついた

アイノミドリシジミ
光に金緑色の羽を輝かせて
止まっている姿が美しい

トンボ

横根高原を代表するトンボといえるのは、沢筋に生息するムカシトンボや湿原で見られるルリボシヤンマなどです。初夏になると、越夏のために平地から上がってきたアキアカネでいっぱいになります。

ムカシトンボ
太古の姿のままの「生きた化石」と呼ばれる

アキアカネ
高原などの涼しいところで夏を過ごし、秋になると赤トンボになって里に下りてきます

ルリボシヤンマ
湿原を悠々と滑空する。ブルーの模様が美しい

セミ

セミの仲間では、関東では高地性のエゾハルゼミ、コエゾゼミ、エゾゼミが生息しています。初夏になると、林中がエゾハルゼミの合唱で覆われ、野鳥の鳴き声もよく聞こえないほどになります。

エゾハルゼミ
初夏の森いっぱいに鳴き声を響かせる合唱隊

コエゾゼミ
姿も色彩もシックな美しい装いだがなかなか見られない

横根高原の動物

横根高原の野鳥 ❶

留鳥(りゅうちょう)

高原のいたるところから、ウグイスの鳴き声が1年中聞こえてきます。林の中からは、シジュウカラ、コガラ、ヤマガラ、ヒガラなどカラ類、コゲラ、アカゲラ、アオゲラなどキツツキの仲間の姿が絶えることがありません。そして、沢筋からは、ミソサザイの大きなさえずりが響きわたります。

アカゲラ
森に響くドラミング、キツツキの仲間の代表

冬鳥

種類の多い冬鳥の中でも、雪が降っても平地に下りることなく、高原で冬越しをするものもいます。美しいピンク色のオオマシコや胸が真っ赤なアカウソは、その代表格です。寒さを堪えて、会いに行く価値はありそうです。

ウグイス
1年中声はするけど、
姿を見ることが少ない

コガラ
山地に多く、冬季でも
平地に下りることは少ない

ヤマガラ
姿もさえずりもきれいで、
おまけに芸達者

アカウソ
顔から腹部まで真っ赤
に染まってよく目立つ

オオマシコ
純白の雪の世界に紅一点。
まさに一幅の絵

冬の横根高原

横根高原の動物

横根高原の**野鳥**❷

夏鳥

高原は、夏鳥の天下です。ホトトギス、カッコウの声が聞こえてきます。谷沿いの木々を縫うようにオオルリのさえずりが流れてきます。林の中に入ると、枝に止まったキビタキが名調子を聞かせ、やぶの中からは、コルリが調子を合わせて歌っています。

コマドリ

亜高山帯にすむ夏鳥。でも横根高原ではよく見られる

キビタキ
息の長いトレモロのさえずりで、夏の森を魅了する

コルリ
薮の中から美しい鳴き声を響かせる。姿も瑠璃色で美しい

オオルリ
美しい瑠璃色の色彩とさえずりでよく知られている。栃木県の県鳥

横根高原の動物

横根高原のほ乳類

小動物のトガリネズミからニホンジカのような大型獣まで、多くの種類のほ乳類が生息しています。

ヤマネ
大きな目が特に可愛い、国の天然記念物

冬はボールのように丸まって越冬します

キツネ
誰でも知っている。最近は見ることが少なくなりました

シカ 高原のいたるところで目にします、ふえすぎて困ります

テン
豊かな森にしかすめない
美しい肉食獣

アナグマ
タヌキと間違えられ
ますが、よく見ると
違います

横根高原ハイキングマップ

古峰ヶ原高原から横根高原

古峰ヶ原高原の核心部である古峰ヶ原湿原は、古峯神社からの県道58号沿いにあり、入口に駐車場があるが、トイレはない。近くにかつて山岳信仰の修験者が修行したといわれる深山巴の宿があり、また無人小屋の古峰ヶ原ヒュッテがある。駐車場から首都圏自然歩道の案内に従い横根高原へ向かう。なだらかなアップダウンのツツジ類の多い道を進み、日光連山を望む天狗の庭を経て大きな石を積み重ねた三枚石に着く。三枚石は古峯信仰の奥の院でもあり、石の下には社がある。平坦なツツジ平を経て、ひと登りで電波反射板のある方塞山に着く。ここから牧柵沿いを進み牧場の車道に出れば横根高原の入口である前日光ハイランドロッジは間もなくだ。

> **コースタイム**
> 古峯神社(90分) 古峰ヶ原湿原(45分)
> 三枚石(15分) 方塞山(40分)
> 前日光ハイランドロッジ

横根高原ハイキングマップ

横根高原周回コース

鹿沼市あるいは足尾から県道58号を進み、牧場内車道を進めば高原の入口である前日光ハイランドロッジに着く。トイレあり、宿泊、食事も可能。ゲート前でコースは分かれ、牧場の管理用車道と、一段上の整備された遊歩道となる。道は合流し、前日光基幹林道へ向

かう車道(現在通行不可)分岐を過ぎると東屋のある井戸湿原への分岐、好展望の象の鼻展望台に向かう。手前に上粕尾に向かう首都圏自然歩道(湿原とせせらぎの道)がある。樹林のなかの趣のあるコースで、不動の滝や石割桜などがあるが、林道歩きが長くバスの便も少ない。象の鼻展望台には大きな石があり、関東の山々、富士山、東京のビル群なども望める。コース唯一のトイレがある。井戸湿原への歩道を進み仏岩で右折急降すると、井戸湿原南端に着く。周回コース及び中央には横断する木道があり、コース取りが可能。湿原北端には五段の滝、日瓢鉱山へのコースが延びている。このコースは天然記念物の岩海もあり、スリルあるハイキングが楽しめるが、交通便は悪いので注意。中央の木道との合流を北西に進むと東屋やベンチもある湿原荘跡に着く。ツツジの時期の湿原の眺めはすばらしい。横根山を経て前日光ハイランドロッジへの道を右にわけ鹿柵を越えしばらく進めばもとの牧場管理車道に合流する。

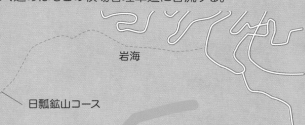

岩海

日瓢鉱山コース

コースタイム
前日光ハイランドロッジ(15分)
井戸湿原分岐(10分)　象の鼻展望台(20分)
井戸湿原周回(30分)　湿原荘跡(20分)
井戸湿原分岐(15分)　前日光ハイランドロッジ

横根高原周辺見どころガイド

修験の歴史と自然の宝庫
横根高原

横根高原から見た日光連山

日光修験（しゅげん）

標高2,000m級の山が連なる日光連山は、古来より神や仏が宿る霊場として、多くの人びとの信仰を集めていました。主峰の男体山は、その美しい姿から特別に信仰され、その山頂に登り、周辺の山やまをめぐって修行する「修験」が奈良時代ごろから行われていました。市域北西部の山やまは、この日光修験の場であり、男体山へ登る重要な場所でした。日光市との境にある薬師岳（標高1,420m）～地蔵岳（1,483m）～行者岳（1,328m）を結ぶルートなどには、多くの修験者の足跡を見ることができます。

深山巴の宿（じんぜんともえ の しゅく）

奈良時代、山岳信仰の拠点として日光山を開山した勝道上人。勝道が男体山に登る前に庵を結んで修行した場所といわれるのが「深山巴の宿」。庵の周囲には堀がめぐり、その形が「巴紋」に似ていることから、「巴の宿」と名づけられたと伝わります。日光修験の拠点のひとつとして、長い間重要な役割を担っていました。県指定史跡。

横根高原周辺見どころガイド

古峯神社
金剛山瑞峯寺

古峯神社は日本武尊を、瑞峯寺は金剛童子を祀っています。これら社寺がある地域は「古峰ヶ原」と呼ばれ、古くから日光修験と深くかかわっていました。東北地方には「金剛山」「古峯原」などと刻んだ、江戸時代の石塔が数多く残されています。江戸時代の古峰ヶ原では、山中にある深山巴の宿などに回ってくる修験者の世話をしていました。また、江戸では「天狗使い」として知られていたことが当時の記録からわかります。

古峯神社

古峯園

金剛山瑞峯寺

火渡り修行

古峯神社では、彫刻を施した拝殿や大天狗が見もの。境内にある日本庭園「古峯園」は四季を通じて楽しめます。瑞峯寺は北関東三十六不動尊の第十七番札所で、像高13mの金剛不動尊像が目を引きます。5月に行われる「火渡り修行」には、遠方から多くの見学者が訪れます。

| 古峯神社 | 草久3027 | Tel.0289-74-2111 |
| 金剛山瑞峯寺 | 草久2239 | Tel.0289-74-2401 |

加蘇山神社
賀蘇山神社

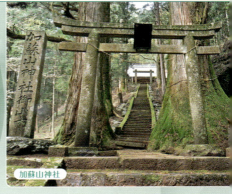
加蘇山神社

上久我の加蘇山神社と入粟野の賀蘇山神社は、古から人びとの信仰を集めていました。平安時代の878年、「下野国賀蘇山神に従五位下が授与された」という記事が国の正式な記録『日本三代実録』に記されています。「賀蘇山神」は、加蘇地区と粟野地区の境にある標高879mの石裂山（尾鑿山）に宿る神だったと考えられています。この山への東からの登り口にあるのが加蘇山神社、南からのの登り口にあるのが賀蘇山神社です。現在も登山コースになっていて、多くの登山客でにぎわっています。コース途中には、推定樹齢1,000年の「千本かつら」（県指定天然記念物）があり、縁結びの神木として信仰されています。

千本かつら

賀蘇山神社

加蘇山神社　上久我3440　Tel.0289-65-8068
賀蘇山神社　入粟野713　Tel.0289-86-7717

横根高原周辺見どころガイド

発光路の強飯式
（ほっこうじ）（ごうはんしき）

毎年1月3日、妙見神社の当番引継ぎの際に行われます。山伏と強力が新旧の当番や来賓などに高盛飯を口へ押し込み、責め棒で首を押さえます。このとき強力が述べる、厳しくときにユーモラスな口上が見所。国指定重要無形民俗文化財。

横根山の岩海
（よこねやま）（がんかい）

横根山周辺では、直径数メートルにも及ぶ花崗岩をあちこちで見ることができます。横根山の基盤岩である花崗岩が地表に露出し、長年の気温変化や風化によって生まれました。市指定天然記念物。

古峰ヶ原湿原
（こぶがはらしつげん）

南西方向に流れる小さな沢の両岸の緩斜面に発達した湿原で、東西約150m、南北約300mです。中層湿原で、代表種のヌマガヤに覆われています。湿原には、戦場ヶ原でよく知られているホザキシモツケの群落などもあり、『レッドデータブックとちぎ』にも取り上げられています。

大芦渓谷
おお あし けい こく

東大芦川の上流に位置し、透明感のある渓流と秋の紅葉がベストマッチ。もちろん新緑の季節も楽しめます。

大滝
おお たき

男滝

上久我にある落差約20mの名瀑で、男滝と女滝の二筋があります。遊歩道で10分。途中で小滝を見ることができます。

前日光ハイランドロッジ

前日光県立自然公園ハイキングの拠点施設。休憩のほか食事、入浴、宿泊もできます。雪のため冬季は閉鎖。

上粕尾1936
Tel.0288-93-4141

前日光つつじの湯交流館

美肌の湯として人気の天然温泉です。豊かな自然に囲まれた露天風呂は格別。地元食材を生かしたレストランや農産物販売コーナーも人気があります。火曜日定休。

入粟野994-2　Tel.0289-86-1126

湿原を保全するために

−外来、移入植物の除去−

外来、移入植物の除去作業を行っています。特に、移入種のミズバショウ、カラマツの幼樹の侵入が著しいので、これらが中心です。鹿沼南高校などボランティアの協力などもありました。根気よくつづけていく予定です。

−植林されたカラマツの除伐−

植林後、成長したカラマツ林が大木になり、湿原周辺を覆いました。本来の植相であるツツジ類を中心とした植物を枯死寸前に追い詰め、同時に大量の種子（松ぼっくり）を撒き、膨大な本数の実生苗を増やしました。これらカラマツの除伐し、太陽の光を受けるようになったため、見事な野生ツツジの大群落が息を吹き返しつつあります。

－水路浸食防止のための帯工設置－

湿原内水路が浸食のため深くえぐられ、水位低下の原因になっているため、帯工を設置し、水位上昇を図っています。その結果、特に湿原東部は水位が上がり、本来の姿を取り戻しつつあるように見えます。今後観察、工夫をつづけていく予定です。

－遊歩道ロープ柵設置－

湿原周回路の北側は、カラマツに覆われ薄暗く、その林間を歩く状態でしたが、カラマツの除伐がすすむにつれ、本来の湿地全体が見通せるようになってきました。それに伴い、湿地内に進入しやすくなってきたので、約400mにわたり、遊歩道に進入防止のロープ柵を設置しています。

湿原のできるまで

中層、高層湿原とは、標高の高いところにある湿原という意味ではなく、ミズゴケを主とする植物が枯れても分解されず泥炭となって堆積し、植物が上へ上へと成長して全体が水面よりも高く盛り上がったものをいいます。中層湿原とは、高層湿原に移行する途中の段階の湿原をいいます。井戸湿原は、雨量が多く、霧に覆われ、湿度が高く、また冷涼な気候で微生物が住みにくいため、高層湿原が発達する条件がそろっていますが、まだ、中層湿原の段階です。およそ1万年もかかってできたこの湿原のなりたちを、順に見ていきましょう。

❶ 大地の変動により、くぼ地ができ、水がたまる。

❷ 土や砂が流れ込み、スゲなどが繁る。

❸ 枯れた植物が分解されずに底にたまる。

❹ 底にたまった植物が水面にまで達する。
すると、水が酸性になりミズゴケが繁茂する。

水面拡大図

❺ 水が湿原面の凹所にたまり、ミズゴケが成長する。
井戸湿原は、この段階の湿原で、中層湿原といいます。

❻ 凹所の植物が育って枯れて凸所をつくり、新たな凹所に水がたまる。

❼ 新しくできた凹所に水がたまる。この繰り返しが何千年も経て、湿原全体が水面よりも高く盛り上がる。この段階になった状態を高層湿原といいます。

湿原風景

花名索引

ア

アカヤシオ	18
アキノウナギツカミ	80
アキノキリンソウ	73
アケボノソウ	83
イケマ	52
イタドリ	81
イワアカバナ	50
イワガラミ	47
イワニガナ	30
ウスバサイシン	29
ウスユキソウ	54
ウマノアシガタ	31
エゾシロネ	59
エゾリンドウ	
オヤマリンドウ・リンドウ	63
オオカメノキ	21
オオバタネツケバナ	29
オカトラノオ	58
オトギリソウ	51
オトコヨウゾメ	22

カ

カニコウモリ	57
カマツカ	26
カラマツ	71
キオン	77
キバナウツギ	22
キンミズヒキ	60
ギンリョウソウ	51
クガイソウ	52
クモキリソウ	68
クワガタソウ	33
ゲンノショウコ	61
コアジサイ	48
コウグイスカグラ	23
コウゾリナ	54
コオニユリ	66
コバギボウシ（オオバギボウシ）	65
ゴマナ	73
コメツツジ	44

サ

サギスゲ	64
ササバギンラン	41
サラサドウダン	45
サラシナショウマ	77
サワギキョウ	53
シシガシラ	50
シモツケ	46
ショウジョウバカマ	40
シラカバ（ダケカンバ）	70
シラヤマギク	74
シロヤシオ	18
シロヨメナ	75
ズミ	24
スミレ	34
センブリ	83
ソバナ	72

タ

ダイコンソウ	60
ダイモンジソウ	82
タチツボスミレ	34
タニギキョウ	38
タニソバ	59
タマガワホトトギス	66
ダンコウバイ	28
チゴユリ	40
チダケサシ	62
ツリガネニンジン	72
ツリフネソウ	82
ツルアジサイ	47
ツルリンドウ	63

トウゴクシソバタツナミ……… 33	ミズチドリ…………………… 68
トウゴクミツバツツジ ………… 19	ミズナラ……………………… 70
トキソウ……………………… 41	ミゾソバ……………………… 80
トネアザミ…………………… 75	ミゾホオズキ………………… 78
トモエソウ…………………… 51	ミツバアケビ………………… 20
トリガタハンショウヅル……… 31	ミツバツチグリ……………… 37
	ミミナグサ…………………… 36

ナ

ナツツバキ…………………… 45	ミヤマザクラ………………… 24
ナナカマド…………………… 71	ミヤマニガイチゴ …………… 25
ナンタイブシ(トリカブト)…… 78	ムラサキケマン……………… 32
ナンブアザミ………………… 76	メギ…………………………… 27
ニガナ………………………… 30	メタカラコウ………………… 56
ニシキウツギ………………… 44	モウセンゴケ ………………… 61
ニョイスミレ………………… 35	モミ・ウラジロモミ ………… 46
ネコノメソウ………………… 37	モミジイチゴ………………… 25

ヤ

ネジバナ……………………… 68	ヤグルマソウ………………… 62
ノギラン……………………… 67	ヤナギタデ …………………… 81
ノコンギク…………………… 55	ヤマアジサイ………………… 48
ノハラアザミ………………… 55	ヤマザクラ…………………… 26
ノリウツギ…………………… 49	ヤマゼリ……………………… 59
	ヤマツツジ…………………… 19

ハ

バイケイソウ ………………… 67	ヤマドリゼンマイ…………… 28
ハウチワカエデ……………… 21	ヤマノコギリソウ…………… 76
バッコヤナギ………………… 27	ヤマハハコ…………………… 56
ハナイカリ…………………… 64	ユウガギク…………………… 74
ハンカイシオガマ …………… 79	ヨツバヒヨドリ……………… 57
ハンゴンソウ………………… 56	ヨツバムグラ………………… 58

ラ

ヒナスゲ……………………… 39	リョウブ……………………… 49
ヒメイチゲ…………………… 32	レンゲツツジ………………… 20

ワ

ヒメスイバ…………………… 35	ワタスゲ……………………… 65
フデリンドウ………………… 38	ワチガイソウ………………… 36
フトボナギナタコウジュ ……… 79	
ベニバナツクバネウツギ …… 23	
ホタルブクロ………………… 53	

マ

マイヅルソウ………………… 41	
マムシグサ…………………… 39	

交通ガイド

アクセス

○鹿沼I.Cから横根高原へ車で70分　　○栃木I.Cから横根高原へ車で70分
○JR日光線鹿沼駅下車、古峰原へバスで60分
○東武日光線新鹿沼駅下車、古峰原へバスで50分

お問い合わせ

鹿沼市観光物産協会

| まちの駅
新・鹿沼宿 | 〒322-0053 栃木県鹿沼市仲町1604－1
TEL. 0289-60-2507　FAX. 0289-60-1507
URL: http://kanumajuku.com/　年中無休 |

| 屋台のまち
中央公園 | 〒322-0052 栃木県鹿沼市銀座一丁目1870-1
TEL. 0289-60-6070　FAX. 0289-62-5666
URL: http://www.kanuma-kanko.jp/
休／月曜日(祝日を除く)・祝日の翌日・年末年始 |

鹿沼市観光交流課　TEL. 0289-63-2303　FAX. 0289-63-2189
URL: http://www.city.kanuma.tochigi.jp/
休／土・日・祝日・年末年始